AF370231

QUELQUES RÉFLEXIONS SUR LA RAGE

QUELQUES RÉFLEXIONS

SUR LA RAGE

ET

SUR LES MOYENS D'ÉVITER LES EFFETS DÉSASTREUX

DE CETTE TERRIBLE MALADIE

PAR

M. ANDRÉ SOULEIL

MÉDECIN - VÉTÉRINAIRE , A AGEN (LOT - ET - GARONNE)

AGEN

IMPRIMERIE DE PROSPER NOUBEL

1868

PRÉFACE.

J'avoue que l'idée ne me serait jamais venue d'écrire sur
une maladie qui a été l'objet de tant d'observations de la
part d'hommes plus compétents et plus à même que moi
de traiter un pareil sujet, si je ne me croyais pas obligé
d'être convenable vis-à-vis des amis et clients que j'estime,
qui m'ont honoré de la lettre qui suit ma préface, et que
j'aurais reproduite avec plus de plaisir si elle avait été moins
flatteuse pour mon modeste savoir.

Tout en les remerciant de leur aimable confiance, qu'ils
soient persuadés d'avance que je ne puis dire grand'chose
qui n'ait pas été dit sur cette question, à part quelques appréciations personnelles sur des documents pris à bonne
source, et sur le résultat de mes propres observations re-
cueillies dans ma longue expérience.

Je serai aussi bref que possible ; je me contenterai de
répondre aux questions qui me sont adressées dans leur

estimable lettre, ne perdant jamais de vue que je parle à des hommes étrangers aux sciences médicales et qui désirent comprendre.

Puisse ce modeste écrit les satisfaire et leur prouver une fois de plus que je suis leur dévoué serviteur et ami. C'est le seul but que je désire obtenir.

Agen, le 10 juillet 1868.

MONSIEUR ET AMI,

Nous, soussignés, amis et clients, frappés des terribles conséquences que peut amener la maladie de la Rage, au moment où
un certain nombre de chiens enragés ont été signalés dans nos
contrées, nous vous serions très-reconnaissants et heureux de
connaître votre opinion sur cette grave maladie, et surtout si
vous vouliez bien nous donner les moyens les plus *sûrs* et les
plus *usités* afin d'éviter sa contagion, et nous faire connaître les
symptômes ou les signes précurseurs que présente le chien
atteint de rage.

Les soussignés ont pensé que votre savoir reconnu et votre
longue expérience dans la médecine que vous professez avec
tant de zèle et de distinction, vous ont mis à même de les
renseigner sur cette importante question.

En attendant cette complaisance de votre part, les soussignés
ont l'honneur de vous saluer respectueusement.

Suivent huit signatures de personnes très-honorables de la
ville d'Agen.

QUELQUES RÉFLEXIONS SUR LA RAGE

ET

SUR LES MOYENS D'ÉVITER LES EFFETS DÉSASTREUX

DE CETTE TERRIBLE MALADIE.

La rage étant une maladie susceptible de se développer spontanément chez le *Chien*, le *Loup*, le *Chat* et le *Renard*, et ces animaux pouvant la transmettre à l'homme et aux autres quadrupèdes, de là vient la distinction de la rage *spontanée* et de la rage *communiquée;* distinction plus utile au point de vue scientifique qu'au point de vue pratique, puisque les deux rages, quel que soit leur point de départ, sont également *virulentes,* ont les mêmes symptômes après leur inoculation féconde, et donnent lieu aux mêmes accidents terribles et mortels.

L'impossibilité de les distinguer dans la pratique a fait dire à certains auteurs, que la preuve scientifique de la rage *spontanée* n'existe pas, et ils vont même jusqu'à nier l'existence de cette dernière.

Je crois, comme la majorité des gens de l'art, à l'existence de la rage spontanée chez le *Chien*, le *Loup*, le *Chat* et le *Renard*, mes propres observations m'en donnent la conviction et la certitude.

La rage, dans quelques conditions de développement qu'elle se trouve, est *contagieuse* par *virus fixe*.

Les circonstances qui contrarient le plus l'animal, qui sont susceptibles de le rendre colère, furieux, certaines maladies anciennes de l'estomac, qui lui donnent le vif désir des boissons ou de manger des corps étrangers à l'alimentation habituelle, et *surtout*, et ici je suis complétement de l'avis de mon honorable collègue, M. Leblanc, vétérinaire à Paris, *les plaisirs vénériens contrariés* chez le mâle dans l'espèce canine, sont autant de causes qui peuvent faire développer la rage spontanée, et favoriser les *accès* de la rage communiquée.

La cause la plus ordinaire et la plus positive de la rage, c'est l'inoculation du virus rabique, déposé dans une plaie faite par la morsure d'un animal enragé : soit que ce virus agisse, comme le pensent Chaussier et quelques autres praticiens, en déterminant une irritation locale, fixée dans l'endroit de la blessure, donnant lieu à une névrose générale, soit qu'au bout d'un temps indéterminé, le virus lui-même, absorbé et mêlé au sang, produise une infection générale. Le temps que met ce virus à produire son effet et qui s'appelle PÉRIODE D'INCUBATION, n'a pas de durée fixe ; on a vu des cas de rage se développer promptement, peu de jours après la morsure, tandis que d'autres mettent un temps beaucoup plus long à se produire.

M. Tardieu a dit que l'extrême durée de l'incubation de la rage humaine pouvait être de douze mois; heureusement que je ne vois là qu'une exception, et que, dans les cinq sixièmes des cas, l'incubation de la rage chez l'homme ne dépasse pas le troisième mois, comme le prouvent les documents sérieux recueillis à ce sujet.

On porte généralement de trente à quarante jours la durée moyenne de l'incubation ou du développement de la rage chez le *chien;* mes observations me donnent pour cette moyenne une grande *probabilité.*

Il est très-difficile et souvent impossible de déterminer l'époque où tel ou tel cas de rage a commencé, à cause de la variabilité de la période d'incubation.

L'influence des températures extrêmes, pas plus que les *saisons* et les *races*, ne contribuent d'une manière marquée au développement de la maladie qui m'occupe.

Il n'en serait pas de même pour le *sexe*, surtout chez le chien, puisqu'il résulte, d'après les relevés statistiques faits par M. Bouley, en 1864, que pour une chienne enragée, il y a trois chiens.

Si ce résultat ne prouve pas d'une manière évidente la prédisposition du mâle à contracter la rage, il tend à prouver l'influence que peut avoir la privation des plaisirs vénériens chez le mâle, sur le développement de la rage spontanée, et surtout sur celle qui est toujours accompagnée de la paralysie des mâchoires, que l'on appelle rage *mue,* et de laquelle je ne parlerai pas, le chien qui en est atteint se trouvant dans l'impossibilité de mordre, et, par conséquent, ne pouvant transmettre le virus; aussi elle donne rarement lieu à des accidents graves.

J'ai dit que la *privation du coït* chez le mâle de l'espèce canine peut devenir une des principales causes de la rage spontanée; la chienne paraît être moins contrariée de la privation de cet acte, je ne connais pas de cas de rage spontanée chez cette dernière. Il n'en est pas de même chez le mâle; ce dernier ayant les désirs vénériens très-vifs, très-impérieux et très-fréquents, ces dispositions doivent infailliblement exercer une influence marquée sur le développement d'une maladie dans laquelle le système nerveux est si fortement ébranlé.

Maintenant que nous connaissons les principales causes de la rage en général, quels sont les moyens les plus sûrs d'éviter leurs effets, en un mot, les moyens préventifs employés contre cette maladie ?

J'insisterai d'autant plus sur ce point, que jusqu'à ce jour on n'a pas trouvé le remède de la rage confirmée ; c'est pour moi une raison de plus de rechercher les meilleurs moyens d'éviter son inoculation.

Certains auteurs recommandables croient à la guérison de la rage confirmée ; malheureusement les faits qu'ils citent à l'appui de leur opinion ne sont pas *assez probants* pour qu'on puisse dire qu'ils ont triomphé de cette terrible maladie.

Je ne suis pas éloigné cependant de croire à la guérison de la rage ; il entre dans ma conviction intime que si jusqu'ici nos habiles expérimentateurs n'ont pas trouvé de spécifique bien reconnu, ils ne tarderont pas à couronner leurs recherches d'un plein succès.

Je crois à la possibilité de la guérison de la rage, quoique je ne connaisse pas de cas de guérison de rage *confirmée*.

Il y a deux sortes de précautions à prendre pour éviter la rage : les premières doivent chercher à empêcher le virus de produire ses effets, en évitant son inoculation, lorsque ce virus a été mis en contact avec une plaie ; les secondes sont celle qui regardent la police sanitaire, en un mot les moyens les plus sûrs d'éviter la propagation de cette grave maladie.

Moyens employés pour empêcher les effets funestes du virus mis en contact avec une plaie.

Une infinité de moyens ont été conseillés pour éviter les effets désastreux du virus dans l'inoculation de la rage. Voici ceux qui m'ont paru les plus *simples* et les plus *efficaces*.

Lorsqu'on a eu le malheur d'être mordu par un chien enragé ou suspect de rage, que la morsure a produit une plaie plus ou moins profonde, la première précaution à prendre, c'est de bien *laver* la blessure *à grande eau*, ayant soin de presser fortement les bords de la plaie, de manière à favoriser l'hémorrhagie s'il y en a, et de la provoquer s'il n'y en a pas; ce lavage, qui doit être aussi complet que possible, doit être fait avec de l'*eau pure*, et non avec des solutions excitantes ou astringentes, qui peuvent, en arrêtant l'hémorrhagie, favoriser l'absorption du virus et contrarier l'effet de la cautérisation qui doit se faire le plus tôt possible.

Cette cautérisation doit être faite, soit avec le cautère actuel (fer rouge), soit avec des caustiques liquides.

La cautérisation par le fer chaud est la *meilleure* et la plus *sûre;* on ne doit pas hésiter à en faire usage, quoi qu'en disent certains médecins timorés, qui donnent toujours la préférence aux *caustiques liquides;* ces derniers pouvant varier dans leurs effets, suivant une infinité de circonstances, n'offrent pas les mêmes garanties d'efficacité.

Parmi les divers caustiques liquides employés ordinairement, celui qui m'a paru le plus efficace et qui m'a le mieux réussi, c'est le *chlorure d'antimoine*. Toutes les parties mordues doivent être enduites de ce liquide au moyen d'un pinceau que l'on promène dans toutes les sinuosités des plaies.

Je répète qu'on ne se sert pas assez souvent de la cautérisation par le fer chaud; il serait à désirer qu'on ne reculât pas devant ce moyen, sous prétexte d'une souffrance plus vive, ou dans le doute que le chien qui a produit la morsure ne fût pas enragé.

Le précepte doit être ici, comme le dit fort bien

notre savant collègue M. H. Bouley : « *Dans le doute ne pas s'abstenir.* » « Qu'importe la douleur d'une cautérisation, dit ce savant vétérinaire, à supposer que le diagnostic ultérieur de l'état du chien démontre qu'elle était inutile, comparée aux terribles conséquences que peut avoir l'abstention ou l'application trop tardive du cautère. »

J'ajouterai que les personnes mordues s'adressent trop souvent à des pharmaciens qui se servent, pour la cautérisation des plaies, de substances insignifiantes en pareil cas, telles que l'alcali volatil.

C'est toujours, quand on le peut, à un médecin qu'il faut avoir recours pour effectuer la cautérisation, car il ne faut pas oublier que c'est le *moyen principal* de combattre les effets de l'inoculation rabique, et qu'il faut employer un homme de l'art pour bien diriger cette importante opération.

Quoique obligé de faire le triste aveu qu'en dehors des moyens que je viens d'indiquer, on n'en connaît pas d'autres qui puissent combattre plus avantageusement les effets désastreux du virus rabique, faut-il, pour cela, que le médecin abandonne son malade? Non. Il est, au contraire, de son devoir de remonter son moral; de lui soutenir, de lui persuader l'efficacité d'un traitement rationnel quelconque, qu'il y croie ou non. Ces

---

[1] *Bulletin de l'Académie de Médecine*, t. XXVIII, p. 702.

conditions sont de la plus grande *urgence* pour certains cervaux qui sont sous le coup des terreurs de cette triste maladie.

Le médecin ne doit même pas répudier certains moyens empiriques en grande réputation, non parce qu'il croit à leur efficacité, mais comme produisant un effet salutaire sur le moral du malade. Si ces moyens ne le guérissent pas de la rage, ils lui évitent au moins les *angoisses préliminaires* de cette terrible maladie : c'est là un résultat assez précieux pour qu'on en tienne compte.

Maintenant que j'ai indiqué les moyens qui m'ont paru les plus rationnels pour combattre l'inoculation rabique, je vais parler des mesures à employer contre la propagation de la rage.

Un grand nombre de mesures ont été conseillées et employées pour éviter la propagation de la rage, et surtout pour empêcher la communication de cette maladie à l'espèce humaine. C'est sur ce point que je crois utile de donner quelques appréciations; elles pourraient avoir quelque valeur aux yeux des personnes intéressées à obtenir les meilleures conditions de salubrité publique.

Il est évident qu'en diminuant le nombre des chiens on diminue les chances de propagation de la rage, et c'est dans ce but que l'on a établi l'impôt sur l'espèce canine, impôt qui, à ce point de vue, n'a pas cependant produit le résultat absolu, relatif même, que l'on en attendait, puisque, d'après les statistiques et les documents recueillis depuis l'année 1856, année où l'impôt a été perçu, jusqu'à ce jour, le nombre des cas de rage aurait augmenté.

On a conseillé à l'autorité de faire tuer tous les chiens que l'on soupçonnerait avoir été mordus par d'autres qui étaient enragés.

Cette mesure me paraît offrir des difficultés sérieuses et injustes dans l'application. En effet, où s'arrêterait la *suspicion*, et qui pourrait établir un contrôle certain du nombre de chiens mordus? Un vétérinaire? Ce dernier ne pourrait que constater si le chien qui a mordu était enragé, oui ou non; constater également la morsure faite par ce dernier à un autre animal, la suspicion serait toujours à la merci de la clameur publique, qui pourrait engager l'administration à faire tuer un plus grand nombre de chiens qu'il ne faudrait. Cette mesure injuste ferait des mécontents parmi les propriétaires des animaux faussement signalés, et deviendrait nuisible à une espèce d'animaux domestiques que nous avons intérêt à conserver à cause de ses grands services et de l'agrément qu'elle donne à l'homme par son infatigable fidélité.

A cette dernière mesure, on avait ajouté le musèlement de tous les chiens qui circulent sur la voie publique, pensant qu'un chien enragé ne pouvait pas mordre.

Partant du principe qu'il est *très-difficile* de confectionner une muselière dont le chien ne puisse se débarrasser dans certains moments d'inquiétude et surtout dans un accès de rage; que cette dernière maladie se prépare et se déclare *ordinairement* au domicile du propriétaire de l'animal, qui se garde bien de faire usage de la muselière dans son intérieur, celle-ci devient alors un appareil *illusoire* et *inutile* contre la propagation de la rage, du moment qu'à *l'apparition* de la maladie les chiens sont toujours *débarrassés* et *dépourvus* de cet instrument.

Le musèlement devient nuisible, surtout chez les chiens dont les oreilles ont été coupées *très-ras*, par la pression que doit exercer la courroie appelée sous-gorge, pression qui doit être plus forte chez les races de chiens qui ont une conformation du museau et de la tête qui ne se prête pas au maintien et à la solidité de cet appareil; tels sont les *dogues, bullterriers* ou *bulldogs*.

Ces races sont d'autant plus dangereuses que les chiens qui les constituent ont le caractère essentielle-ment *irritable* et *querelleur*.

La muselière, pour être efficacement maintenue, devient très-gênante pour la respiration. Son application, en général, excite le chien à faire des efforts incessants dans le but de s'en débarrasser. Ces efforts sont d'autant plus dangereux qu'ils mettent le sujet dans une telle irritabilité de caractère, que si l'on persistait à employer cet appareil, on pourrait faire développer

une cause de rage *spontanée*, surtout quand la tempé-
rature *élevée* ou d'autres circonstances excitent le désir
des boissons que la muselière empêche de satisfaire.

Il est temps de faire justice de ce moyen préventif :
au lieu d'être une mesure de sécurité contre la propagation de la maladie qui m'occupe, il devient *nuisible*
et *dangereux* dans son application.

Du reste, l'expérience et l'observation ont appris que,
dans les localités où les animaux de l'espèce canine vi-
vent en toute liberté, si la rage n'y est pas complète-
ment inconnue, elle y est du moins excessivement rare;
et que c'est précisément dans les lieux où les chiens vi-
vent seuls, isolément, sans rapport avec les autres
animaux, là où ils sont soumis à des *gênes*, à des
contraintes, à des *privations*, à la *muselière surtout*, que
l'on rencontre le plus de chiens enragés.

Je n'approuve pas plus la mesure de répandre du
poison sur la voie publique; les inconvénients de cette
dernière mesure sont trop *grands* et trop *dangereux*
pour que ce moyen soit à jamais abandonné.

La *séquestration* des chiens *suspects* pendant une
durée de cinquante à soixante jours, chez le chien surtout ayant la *preuve* de la morsure, me paraît une mesure de précaution *très-utile;* elle ne doit être appliquée
que dans le cas de *suspicion sérieuse.*

L'usage obligatoire d'un collier portant le nom et la
demeure du propriétaire des chiens qui circulent sur la
voie publique me paraît d'une *grande utilité;* tout en

contribuant à faire diminuer le nombre des chiens errants, cette mesure oblige les propriétaires de ces animaux à mieux les surveiller, et à avoir une plus grande part de responsabilité dans les actes des chiens qui se trouvent en défaut.

En s'occupant plus particulièrement de leurs animaux, ils doivent plus tôt s'apercevoir du changement qui peut survenir dans leurs habitudes, et reconnaître plus facilement les symptômes précurseurs de la rage, et par leurs utiles observations éviter de graves accidents.

Je crois que la castration des chiens mâles serait un moyen préventif efficace contre le développement spontané de la rage, si ce moyen pouvait être appliqué dans la plupart des cas ; mais comme cette opération fait perdre une grande partie des *qualités indispensables* dans les divers usages auxquels on destine ces animaux, son application ne serait pas avantageuse.

Il vaudrait mieux, je crois, modifier un peu la législation qui régit l'impôt sur les chiens ; en imposant moins les femelles que les mâles, on pourrait peut-être faire diminuer le nombre de ces derniers ; si on obtenait ce résultat, on diminuerait les chances du développement de la rage spontanée, que je n'ai jamais observé chez les *femelles*.

Un moyen déjà conseillé, qui me paraît de la plus grande importance et qui, à mes yeux, ne devrait pas être négligé par l'autorité :

C'est la publication d'un tableau, aussi *fidèle* et aussi complet que possible, des symptômes de la rage chez le chien, comme étant l'animal le plus propagateur de cette maladie, en établissant les caractères différentiels, qui font distinguer la rage de quelques autres maladies, qui sont très-souvent *confondues* avec elle par les personnes étrangères à la médecine vétérinaire.

Ce tableau devrait être *affiché partout*, et dans toutes les circonstances qui peuvent favoriser la *vulgarisation* et la *connaissance* surtout des signes primordiaux de la maladie qui m'occupe.

La distinction de la rage d'avec d'autres maladies pouvant être confondues avec elle, me paraît de la plus grande importance; mon expérience m'a fait connaître certains faits qui prouvent que plusieurs maladies des chiens, à certaines périodes, avaient une si grande ressemblance avec la rage, que cette analogie de symptômes rendait souvent le diagnostic difficile.

Cette distinction est d'autant plus utile que certaines personnes sont souvent mordues par des chiens qui ne sont atteints que d'un *trouble passager des fonctions cérébrales;* combien j'ai vu de personnes, mordues dans de pareilles circonstances, rester longtemps inquiètes de leur situation, surtout quand ces animaux étaient morts des suites de ces *désordres cérébraux,* ou avaient été *tués,* comme soupçonnés d'être enragés, alors qu'ils ne l'étaient pas.

Des vétérinaires distingués, dans des rapports très-étendus, ont si bien décrit la *symptomatologie* de la rage, qu'il n'est guère possible d'ajouter quelque chose de nouveau à ce qui a été dit sur ce point.

J'aurais désiré, cependant, que la plupart de ces auteurs fussent plus *explicites* sur les symptômes en général, et qu'ils se fussent principalement attachés à faire ressortir ceux qui sont les plus *constants*, les plus *ordinaires*, en s'occupant moins des signes ou symptômes *exceptionnels*.

Les conditions de leurs rapports ou de leurs mémoires, qui peuvent avoir une certaine utilité dans une question scientifique, n'auraient pas le même résultat pour la *publication* et la vulgarisation des symptômes *ordinaires* de la rage, que je conseille comme le *meilleur* moyen préventif à employer contre cette maladie.

En effet, quand on a affaire à un public étranger à la science, il est de la plus grande urgence de se faire comprendre, en écartant tous les *termes* et toutes les expressions qui ne sont pas à sa portée, et en insistant surtout, dans la publication qui m'occupe et que je conseille, autant que possible sur les *signes certains* qui peuvent lui faire reconnaître la rage, afin que ce public puisse prendre les précautions les plus *sûres* pour éviter des accidents.

Je vais essayer de tracer le tableau des signes et symptômes de la rage chez le chien, tels que mon expérience, mes nombreuses observations et certains documents me les ont fait connaître.

J'aurai soin, autant que possible, d'établir les principaux caractères différentiels qui font distinguer cette maladie de certaines affections qui sont souvent confondues avec elle.

Symptômes constants et ordinaires de la Rage chez le chien.

L'animal qui ressent les premiers effets du virus rabique devient triste, refuse presque toujours les aliments et les boissons qu'on lui présente ; il se retire dans des endroits sombres, il est inquiet ; à mesure que cette inquiétude augmente, son œil et sa physionomie prennent une expression nouvelle. Ces symptômes, quoique communs à plusieurs autres maladies, doivent attirer l'attention de l'observateur ; il doit exercer sur cet animal une prudente surveillance ; la présence d'un homme de l'art, quand on le peut, devient alors utile, surtout si l'on s'aperçoit que, sans *causes connues*, son inquiétude augmente, que son regard devient *fixe* et *éclatant*, et que la voix de cet animal se manifeste par des aboiements *rauques*. Si ces derniers symptômes sont accompagnés de l'envie de ronger les corps qui sont à la portée de ses dents, il n'y a pas à s'y tromper : voilà les signes primordiaux *vrais* et *constants* de la rage.

Mais si, avec des symptômes *à peu près semblables*, l'animal est malade depuis quelques jours ; que, dans ses inquiétudes pour aussi fortes qu'elles soient, il pousse *des plaintes*, surtout quand il se couche ; que, dans sa marche, il ait une tendance à tourner sur lui-même, vous êtes sûr que vous avez affaire à une autre maladie que celle qui nous occupe.

J'ai vu des chiens atteints de certains troubles cérébraux produits par d'autres maladies que la rage, qui poussaient leurs inquiétudes jusqu'à la fureur et cherchaient à mordre même les personnes qui leur donnaient habituellement des soins; l'envie de mordre était même accompagnée d'une altération dans le timbre de leurs aboiements; mais ces derniers n'avaient jamais le son *rauque* qu'il suffit d'avoir entendu une seule fois chez le chien enragé pour ne jamais l'oublier.

Leurs regards n'ont jamais cette *fixité*, cette *expression*, qui sont l'avant-coureur d'un accès de rage; leurs yeux sont presque toujours larmoyants ou chassieux; leurs pupilles, quoique dilatées par moments, se contractent à des intervalles qui varient suivant les lésions des organes cérébraux dont ils peuvent être atteints; leur tête, toujours basse, paraît si *lourde* que l'animal a l'air d'être fatigué par son poids.

Dans la rage, la pupille conserve la même position, la physionomie et le *regard surtout* ont toujours la même expression de *fixité;* la tête ne paraît pas plus lourde que dans l'état normal.

Il y a, pendant les accès de rage ou à leur début, un symptôme qui n'est pas toujours constant, mais que j'ai observé dans la majorité de cas, c'est la tendance qu'ont les chiens enragés de se jeter sur leurs semblables et de les mordre. J'ai remarqué qu'ils inspirent même chez l'animal attaqué par eux un sentiment de terreur manifeste, qui engage ces derniers à fuir sans se défendre; il semble que leur instinct veuille leur faire éviter une lutte qui pourrait avoir pour eux des suites dangereuses.

Ces derniers signes, quoique n'étant pas constants, doivent être pris en considération dans le diagnostic de la maladie qui m'occupe, ne se manifestant jamais dans les affections confondues avec la r age.

La rage se manifeste toujours par des *accès de fureur intermittents;* ce qui ne se présente jamais chez les autres maladies, ayant de l'an alogie avec elle.

Certains vétérinaires ont prétendu qu'au moment où la rage se prépare chez le chien, son attachement pour son maître augmentait; que cette nouvelle affection se manifestait par des *caresses*, des *lèchements* plus sympathiques et plus répétés, lèchements qui pourraient devenir dangereux pour les personnes qui les reçoivent, surtout si la langue du chien se mettait en contact avec une plaie.

Loin de moi de vouloir contester les observations de mes honorables collègues; je crois cependant que ces nouvelles dispositions du chien se trouvant sous l'influence du virus rabique, *dispositions* que mon expérience ne m'a pas donné l'avantage de remarquer, devraient être plutôt rangées dans l'*exception* que dans la règle générale.

J'ai vu en effet certains chiens, peu de temps avant

l'accès, être moins sombres que d'autres qui se trouvaient sous la même influence rabique, répondre *quelquefois* aux caresses de leurs maîtres ; mais avec cette différence qu'au lieu d'être plus affectueuses, ces caresses se faisaient d'une manière plus *distraite* et beaucoup plus *indifférente*; cette situation paraît mieux s'harmoniser avec les *signes* primordiaux *constants* et ordinaires de la rage, tels que la tristesse, la tendance à se cacher dans des endroits sombres, sous les meubles, sous les mangeoires des écuries, etc., etc.

Au reste, le savant médecin, M. VERNOIS, dans son remarquable discours à l'Académie de Médecine, en 1864, dit : « Qu'il ne peut partager une opinion aussi optimiste, parce qu'il résulte des observations qu'il a dépouillées dans les Archives du Conseil de salubrité de la Seine, qu'un *très-grand nombre de fois* la rage avait été communiquée, à l'*intérieur des maisons*, par des chiens, à leurs maîtres et à leurs commensaux.

Il en est de même pour ceux qui prétendent que l'animal qui se trouve sous l'influence du virus rabique, *peut manger comme à l'ordinaire.*

J'ai vu en effet *quelques* chiens enragés qui, par *exception*, prenaient des aliments, mais toujours en faisant exécuter à leurs mâchoires un mouvement convulsif et saccadé; ils avaient plutôt l'air de mordre que de mastiquer; s'ils mangent *mieux* que je ne l'indique, c'est encore une plus *rare exception*, que l'on doit considérer comme *telle*, car il est essentiel, si on veut bien vulgariser les signes et les symptômes de la rage, de distinguer ceux qui se présentent le plus *ordinairement* de ceux qui ne se montrent que *très-rarement*. C'est le meilleur moyen d'éviter toute espèce de confusion dans l'esprit d'un public étranger à la science et qui, dans des circonstances comme celles-ci, a intérêt à ne pas confondre la *règle générale* avec *l'exception*.

Je me résume : les symptômes *ordinaires* et *constants* de la rage sont :

La tristesse, presque toujours refus d'aliments, tendance à se retirer dans des endroits sombres, inquiétudes plus ou moins vives, aboiements *rauques*, *fixité* dans le regard, dispositions à mordre leurs semblables, fureurs se manifestant par accès intermittents, activées par diverses circonstances, surtout par la présence d'un autre chien.

Les symptômes ordinaires des maladies pouvant être confondues avec la rage sont :

Dans certains cas, à peu près les mêmes signes primordiaux que cette dernière, sauf une différence dans l'expression et la *fixité* du regard, des *cris* et des aboiements plutôt plaintifs que rauques; très-souvent tendance à tourner sur eux-mêmes, yeux *larmoyants* ou *chassieux*, tête *toujours* basse, lourde et embarrassée; fureurs ne se manifestant presque jamais par accès intermittents, et n'étant jamais réveillées plutôt par une cause que par une autre.

Voilà, je crois, les symptômes les plus ordinaires que présentent les divers troubles cérébraux produits par des maladies qui aux yeux des personnes étrangères à la science, ont beaucoup d'analogie avec la rage et sur lesquelles je ne crois pas utile de donner plus de détails ; la description de ces diverses maladies ne servirait à *rien* dans la question que je traite, et contrarierait le but que je veux atteindre, c'est-à-dire éviter de jeter de la confusion dans l'esprit des personnes étrangères à l'art d'observer, en fixant l'attention sur trop de *points* à la fois.

Au risque de me répéter, j'ai cru ce *résumé* et ce rapprochement de symptômes *utiles*, pour mieux faire ressortir les caractères différentiels qui font *distinguer* la rage d'avec les maladies pouvant être confondues avec elle.

Je terminerai les quelques réflexions que je viens de faire, sur une maladie qui a été le sujet de tant d'observations et d'opinions variées, par une remarque sur le résultat désastreux de la rage, résultat qui m'a toujours frappé. En effet, comment se fait-il que cette maladie, qui est une *cause* presque infaillible et épouvantable de mort, soit infiniment *moins fréquente* que beaucoup d'autres causes dont le résultat est le même. Il résulte de la statistique provenant de l'enquête administrative faite par M. Tardieu, en 1864, que la moyenne des cas de rage *chez l'homme*, pour *toute la France*, n'est que de vingt-quatre à vingt-cinq par année, ce qui fait *un cas* de rage pour un million et demi d'habitants.

Ce résultat qui est toujours très-malheureux, même effrayant en soi, n'est pas aussi épouvantable qu'on se le figure généralement dans le public, et il est même consolant par sa minimité, surtout quand on pense qu'une aussi grande quantité de chiens enragés sont tous les jours en rapport avec la population, et que ce n'est que quelques jours avant la mort de leurs animaux que les propriétaires prennent des précautions pour éviter les morsures.

Si j'ai fait une réflexion sur cette dernière remarque, c'est d'abord pour établir la vérité sur les effets désastreux de la rage communiquée à l'homme, et puis dans la pensée que les chiffres de la moyenne que je viens d'indiquer, chiffres puisés à une bonne source, fixeraient mieux certains esprits, imbus de craintes exagérées sur le compte de cette maladie.

AGEN. — IMPRIMERIE DE PROSPER NOUBEL.